中华人民共和国住房和城乡建设部

市政工程消耗量定额

ZYA 1-31-2015

第十一册　措施项目

中国计划出版社

2015　北　京

图书在版编目（ＣＩＰ）数据

市政工程消耗量定额. ZYA 1-31-2015. 第 11 册. 措施项目/
住房和城乡建设部标准定额研究所主编. —北京：中国计
划出版社，2015.7
ISBN 978-7-5182-0174-7

Ⅰ. ①市…　Ⅱ. ①住…　Ⅲ. ①市政工程－消耗定
额－中国　Ⅳ. ①TU723.3

中国版本图书馆 CIP 数据核字（2015）第 117501 号

市政工程消耗量定额
ZYA 1-31-2015
第十一册　措施项目
住房和城乡建设部标准定额研究所　主编

中国计划出版社出版
网址：www.jhpress.com
地址：北京市西城区木樨地北里甲 11 号国宏大厦 C 座 3 层
邮政编码：100038　电话：（010）63906433（发行部）
新华书店北京发行所发行
三河富华印刷包装有限公司印刷

880mm×1230mm　1/16　3.75 印张　93 千字
2015 年 7 月第 1 版　2015 年 7 月第 1 次印刷
印数 1—5000 册

ISBN 978-7-5182-0174-7
定价：23.00 元

主编部门:中华人民共和国住房和城乡建设部

批准部门:中华人民共和国住房和城乡建设部

施行日期:2 0 1 5 年 9 月 1 日

住房城乡建设部关于印发《房屋建筑与装饰工程消耗量定额》、《通用安装工程消耗量定额》、《市政工程消耗量定额》、《建设工程施工机械台班费用编制规则》、《建设工程施工仪器仪表台班费用编制规则》的通知

建标〔2015〕34 号

各省、自治区住房城乡建设厅,直辖市建委,国务院有关部门:

为贯彻落实《住房城乡建设部关于进一步推进工程造价管理改革的指导意见》(建标〔2014〕142号),我部组织修订了《房屋建筑与装饰工程消耗量定额》(编号为 TY 01—31—2015)、《通用安装工程消耗量定额》(编号为 TY 02—31—2015)、《市政工程消耗量定额》(编号为 ZYA 1—31—2015)、《建设工程施工机械台班费用编制规则》以及《建设工程施工仪器仪表台班费用编制规则》,现印发给你们,自2015 年 9 月 1 日起施行。执行中遇到的问题和有关建议请及时反馈我部标准定额司。

我部 1995 年发布的《全国统一建筑工程基础定额》,2002 年发布的《全国统一建筑装饰工程消耗量定额》,2000 年发布的《全国统一安装工程预算定额》,1999 年发布的《全国统一市政工程预算定额》,2001 年发布的《全国统一施工机械台班费用编制规则》,1999 年发布的《全国统一安装工程施工仪器仪表台班费用定额》同时废止。

以上定额及规则由我部标准定额研究所组织中国计划出版社出版发行。

中华人民共和国住房和城乡建设部
2015 年 3 月 4 日

总　说　明

一、《市政工程消耗量定额》共分十一册,包括:

第一册　土石方工程

第二册　道路工程

第三册　桥涵工程

第四册　隧道工程

第五册　市政管网工程

第六册　水处理工程

第七册　生活垃圾处理工程

第八册　路灯工程

第九册　钢筋工程

第十册　拆除工程

第十一册　措施项目

二、《市政工程消耗量定额》(以下简称本定额)是完成规定计量单位分部分项工程所需的人工、材料、施工机械台班的消耗量标准,是各地区、部门工程造价管理机构编制建设工程定额确定消耗量、编制国有投资工程投资估算、设计概算、最高投标限价的依据。

三、本定额适用于城镇范围内的新建、扩建和改建市政工程。

四、本定额以国家和有关部门发布的国家现行设计规范、施工及验收规范、技术操作规程、质量评定标准、产品标准和安全操作规程,现行工程量清单计价规范、计算规范和有关定额为依据编制,并参考了有关地区和行业标准、定额,以及典型工程设计、施工和其他资料。

五、本定额按正常施工条件,国内大多数施工企业采用的施工方法、机械化程度和合理的劳动组织及工期进行编制。

1.设备、材料、成品、半成品、构配件完整无损,符合质量标准和设计要求,附有合格证书和实验记录。

2.正常的气候、地理条件和施工环境。

六、关于人工:

1.本定额中的人工以合计工日表示,并分别列出普工、一般技工和高级技工的工日消耗量。

2.本定额中的人工包括基本用工、超运距用工、辅助用工和人工幅度差。

3.本定额中的人工每工日按8小时工作制计算。

七、关于材料:

1.本定额中的材料包括施工中消耗的主要材料、辅助材料、周转材料和其他材料。

2.本定额中的材料消耗量包括净用量和损耗量。损耗量包括:从工地仓库、现场集中堆放地点(或现场加工地点)至操作(或安装)地点的施工场内运输损耗,施工操作损耗,施工现场堆放损耗等,规范(设计文件)规定的预留量、搭接量不在损耗率中考虑。

3.本定额中的混凝土、沥青混凝土、砌筑砂浆、抹灰砂浆及各种胶泥等均按半成品消耗量以体积(m^3)表示,混凝土按运至施工现场的预拌混凝土编制,砂浆按预拌砂浆编制,定额中的混凝土均按自然养护考虑。

4.本定额中未考虑现场搅拌混凝土子目,实际采用现场搅拌混凝土浇捣,人工、机械具体调整如下:

(1)人工增加0.80工日/m^3;

(2)混凝土搅拌机(400L)增加0.052台班/m^3。

5.本定额中未考虑普通现拌砂浆子目,实际采用现场拌和水泥砂浆,人工、机械具体调整如下:

(1)人工增加 0.382 工日/m³;

(2)扣除定额预拌砂浆罐式搅拌机机械消耗量,增加灰浆搅拌机(200L)0.02 台班/m³。

6.本定额中的周转性材料按不同施工方法,不同类别、材质,计算出一次摊销量进入消耗量定额。

7.本定额中的用量少、低值易耗的零星材料,列为其他材料。

八、关于机械:

1.本定额中的机械按常用机械、合理机械配备和施工企业的机械化装备程度,并结合工程实际综合确定。

2.本定额中的机械台班消耗量是按正常机械施工工效并考虑机械幅度差综合取定的。

3.凡单位价值 2000 元以内、使用年限在一年以内的不构成固定资产的施工机械,不列入机械台班消耗量,作为工具用具在建筑安装工程费中的企业管理费考虑,其消耗的燃料动力等列入材料。

九、施工与生产同时进行、在有害身体健康的环境中施工时的降效增加费,本定额未考虑,发生时另行计算。

十、本定额适用于海拔 2000m 以下地区,超过上述情况时,由各地区、部门结合高原地区的特殊情况,自行制定调整办法。

十一、本定额中注有"××以内"或"××以下"者,均包括××本身;注有"××以外"或"××以上"者,则不包括××本身。

十二、凡本说明未尽事宜,详见各册、各章说明和附录。

册　说　明

一、第十一册《措施项目》包括打拔工具桩、围堰工程、支撑工程、脚手架、降水工程,共五章。

二、本册定额编制依据:

1.《市政工程工程量计算规范》GB 50857—2013;

2.《全国统一市政工程预算定额》GYD—1999;

3.《全国统一建筑工程基础定额》GJD—1995;

4.《建设工程劳动定额—市政工程》LD/T99.1—2008;

5.相关省、市、行业现行的市政预算定额及基础资料。

三、定额子目表中的施工机械是按合理机械进行配备的,在执行中不得因机械型号不同而调整。

四、本册说明未尽事宜,详见各章节说明。

目　录

第一章　打拔工具桩

说明 ………………………………………………… (3)

工程量计算规则 …………………………………… (4)

一、竖、拆简易打拔桩架 ……………………… (5)

二、陆上卷扬机打拔圆木桩 …………………… (5)

三、陆上卷扬机打拔槽型钢板桩 ……………… (6)

四、陆上柴油打桩机打圆木桩 ………………… (7)

五、陆上柴油打桩机打槽型钢板桩 …………… (8)

六、水上卷扬机打拔圆木桩 …………………… (8)

七、水上卷扬机打拔槽型钢板桩 ……………… (9)

八、水上柴油打桩机打圆木桩 ………………… (10)

九、水上柴油打桩机打槽型钢板桩 …………… (11)

第二章　围堰工程

说明…………………………………………………… (15)

工程量计算规则 …………………………………… (16)

一、土草围堰 …………………………………… (17)

二、土石混合围堰 ……………………………… (17)

三、圆木桩围堰 ………………………………… (18)

四、钢桩围堰 …………………………………… (18)

五、钢板桩围堰 ………………………………… (19)

六、双层竹笼围堰 ……………………………… (19)

七、筑岛填心 …………………………………… (20)

第三章　支撑工程

说明………………………………………………… (23)

工程量计算规则 …………………………………… (24)

一、木挡土板 …………………………………… (25)

二、竹挡土板 …………………………………… (25)

三、钢制挡土板 ………………………………… (26)

四、钢制桩挡土板支撑安装及拆除 …………… (26)

五、大型基坑支撑安装及拆除 ………………… (27)

第四章　脚手架工程

说明………………………………………………… (31)

工程量计算规则 …………………………………… (32)

一、脚手架 ……………………………………… (33)

二、浇混凝土用仓面脚手架 …………………… (34)

第五章　井点降水

说明………………………………………………… (37)

工程量计算规则 …………………………………… (38)

一、轻型井点 …………………………………… (39)

二、喷射井点 …………………………………… (40)

三、大口径井点 ………………………………… (43)

四、深井井点降水 ……………………………… (45)

第一章　打拔工具桩

说　明

一、本章定额适用于市政各专业册的打、拔工具桩。

二、定额中所指的水上作业是以距岸线1.5m以外或者水深在2m以上的打拔桩。距岸线1.5m以内时,水深在1m以内的,按陆上作业考虑;如水深在1m以上2m以内,其工程量则按水、陆各50%计算。

三、水上打拔工具桩按两艘驳船捆扎成船台作业,驳船捆扎和拆除费用执行第三册《桥涵工程》相应项目。

四、打拔工具桩均以直桩为准,如遇打斜桩(斜度≤1∶6,包括俯打、仰打),按相应项目人工、机械乘以系数1.35。

五、导桩及导桩夹木的制作、安装、拆除已包括在相应定额中。

六、圆木桩按疏打计算,钢板桩按密打计算,如钢板桩需要疏打时,执行相应定额,人工乘以系数1.05。

七、打拔桩架90度调面及超运距移动已综合考虑。

八、竖、拆柴油打桩机架费用另行计算。

九、钢板桩和木桩的防腐费用等已包括在其他材料费用中。

十、打桩根据桩入土深度不同和土壤类别所占比例,分别执行相应项目。

十一、水上打拔工具桩如发生水上短驳,则另行计算其短驳费。

工程量计算规则

一、圆木桩:按设计桩长(检尺长)L和圆木桩小头直径(检尺径)D查《木材·立木材积速算表》以体积计算。

二、钢板桩:打、拔桩按设计图纸数量或施工组织设计数量以质量计算。

钢板桩使用费=设计使用量×使用天数×钢板桩使用费标准[元/(吨·天)]。

钢板桩的使用费标准由各地区、部门自行制订调整办法。

三、凡打断、打弯的桩,均需拔出重打,但不重复计算工程量。

四、如需计算竖、拆打拔桩架费用,竖、拆打拔桩架次数按施工组织设计规定计算。如无规定,则按打桩的进行方向,双排桩每100延长米、单排桩每200延长米计算一次,不足一次者均各计算一次。

一、竖、拆简易打拔桩架

工作内容：准备工作,安、拆桩架及配套机具,打、拔缆风桩,铺走道板,埋、拆地垄。　　计量单位：架次

定 额 编 号				11-1-1	11-1-2
项 目				竖、拆卷扬机打桩架	竖、拆卷扬机拔桩架
名 称			单位	消 耗 量	
人工	合计工日		工日	19.881	29.466
	其中	普工	工日	8.521	12.629
		一般技工	工日	11.360	16.837
材料	槽钢（综合）		t	0.003	—
	原木		m³	0.153	0.090
	板枋材		m³	0.189	0.069
	其他材料费		%	4.660	7.740
机械	电动单筒慢速卷扬机 10kN		台班	1.203	—
	电动单筒慢速卷扬机 30kN		台班	—	1.982
	汽车式起重机 8t		台班	1.203	1.982

二、陆上卷扬机打拔圆木桩

工作内容：准备工作,木桩制作,打桩,安、拆夹木,打(拔)桩,桩架调面,移动,打、
拔缆风桩,埋、拆地垄,灌砂,清场、整堆。　　计量单位：10m³

定 额 编 号				11-1-3	11-1-4	11-1-5	11-1-6
项 目				打5m以内		打8m以内	
				一、二类土	三类土	一、二类土	三类土
名 称			单位	消 耗 量			
人工	合计工日		工日	36.567	46.269	27.090	34.596
	其中	普工	工日	15.673	19.831	11.611	14.828
		一般技工	工日	20.894	26.438	15.479	19.768
材料	原木		m³	0.702	1.053	0.702	1.053
	板枋材		m³	0.150	0.150	0.074	0.074
	桩靴		kg	—	34.970	—	17.430
	其他材料费		%	11.550	7.400	6.590	4.300
机械	简易打桩架		台班	3.300	4.418	2.387	3.265

工作内容：准备工作,木桩制作,打桩,安、拆夹木,打(拔)桩,桩架调面,移动,打、
拔缆风桩,埋、拆地垄,灌砂,清场、整堆。

計量单位:10m³

定　额　编　号			11-1-7	11-1-8	11-1-9	11-1-10
项　　目			拔5m以内		拔8m以内	
			一、二类土	三类土	一、二类土	三类土
名　　　称		单位	消　耗　量			
人工	合计工日	工日	27.189	36.504	20.151	26.721
	其中 普工	工日	11.653	15.646	8.637	11.453
	一般技工	工日	15.536	20.858	11.514	15.268
材料	板枋材	m³	0.254	0.254	0.126	0.126
	砂子(中砂)	t	9.295	9.295	9.295	9.295
	其他材料费	%	1.760	1.810	1.600	1.340
机械	简易拔桩架	台班	1.863	2.653	1.286	1.837

三、陆上卷扬机打拔槽型钢板桩

工作内容：准备工作,打桩,桩架调面,移动,打、拔缆风桩,拔桩、灌砂,埋、拆地垄,
清场、整堆。

計量单位:10t

定　额　编　号			11-1-11	11-1-12	11-1-13	11-1-14
项　　目			打8m以内		打12m以内	
			一、二类土	三类土	一、二类土	三类土
名　　　称		单位	消　耗　量			
人工	合计工日	工日	16.200	20.610	14.544	18.351
	其中 普工	工日	6.943	8.833	6.234	7.865
	一般技工	工日	9.257	11.777	8.310	10.486
材料	钢板桩	t	(10.000)	(10.000)	(10.000)	(10.000)
	钢板桩	kg	100.000	100.000	100.000	100.000
	板枋材	m³	0.051	0.051	0.031	0.031
	其他材料费	%	1.440	1.430	1.430	1.430
机械	简易打桩架	台班	1.384	1.925	1.189	1.659

工作内容：准备工作，打桩，桩架调面，移动，打、拔缆风桩，拔桩、灌砂，埋、拆地垄，
清场、整堆。

计量单位：10t

定 额 编 号			11-1-15	11-1-16	11-1-17	11-1-18
项 目			拔8m以内		拔12m以内	
			一、二类土	三类土	一、二类土	三类土
名 称		单位	消 耗 量			
人工	合计工日	工日	17.451	22.527	15.147	19.341
	其中 普工	工日	7.479	9.655	6.492	8.290
	一般技工	工日	9.972	12.872	8.655	11.051
材料	板枋材	m³	0.052	0.052	0.031	0.031
	砂子（中砂）	t	2.708	2.708	2.708	2.708
	其他材料费	%	0.800	0.800	0.770	0.770
机械	简易拔桩架	台班	1.020	1.455	0.825	1.189

四、陆上柴油打桩机打圆木桩

工作内容：准备工作，木桩制作(加靴)，打桩，桩架调面，移动，打、拔缆风桩，
埋、拆地垄，清场、整堆。

计量单位：10m³

定 额 编 号			11-1-19	11-1-20	11-1-21	11-1-22
项 目			打5m以内		打8m以内	
			一、二类土	三类土	一、二类土	三类土
名 称		单位	消 耗 量			
人工	合计工日	工日	27.316	33.912	20.160	25.092
	其中 普工	工日	8.195	10.174	6.048	7.528
	一般技工	工日	19.121	23.738	14.112	17.564
材料	原木	m³	0.702	1.053	0.702	1.053
	板枋材	m³	0.028	0.028	0.014	0.014
	桩靴	kg	—	34.970	—	17.430
	其他材料费	%	11.380	7.230	6.430	4.120
机械	轨道式柴油打桩机0.8t	台班	1.562	2.085	1.100	1.499

五、陆上柴油打桩机打槽型钢板桩

工作内容:准备工作,打桩,桩架调面,移动,打、拔缆风桩,埋、拆地垄,清场、整堆。   计量单位:10t

定 额 编 号			11-1-23	11-1-24	11-1-25	11-1-26
项　目			打8m以内		打12m以内	
			一、二类土	三类土	一、二类土	三类土
名　称		单位	消　耗　量			
人工	合计工日	工日	17.379	19.053	14.139	18.468
	其中 普工	工日	5.214	5.716	4.242	5.540
	一般技工	工日	12.165	13.337	9.897	12.928
材料	钢板桩	t	(10.000)	(10.000)	(10.000)	(10.000)
	钢板桩	kg	100.000	100.000	100.000	100.000
	板枋材	m³	0.004	0.004	0.002	0.002
	其他材料费	%	2.010	2.010	2.020	2.020
机械	轨道式柴油打桩机0.8t	台班	0.878	1.233	0.807	1.136

六、水上卷扬机打拔圆木桩

工作内容:准备工作,木桩制作,打桩,船排固定、移动,拔桩,清场、整堆。   计量单位:10m³

定 额 编 号			11-1-27	11-1-28	11-1-29	11-1-30
项　目			打5m以内		打8m以内	
			一、二类土	三类土	一、二类土	三类土
名　称		单位	消　耗　量			
人工	合计工日	工日	32.994	45.441	20.070	27.729
	其中 普工	工日	14.141	19.476	8.602	11.885
	一般技工	工日	18.853	25.965	11.468	15.844
材料	原木	m³	0.702	1.053	0.702	1.053
	桩靴	kg	—	34.970	—	17.430
	其他材料费	%	13.200	7.840	6.870	4.320
机械	驳船30t	台班	6.885	9.848	4.152	5.944
	简易打桩架	台班	3.442	4.924	2.076	2.972

工作内容: 准备工作,木桩制作,打桩,船排固定、移动,拔桩,清场、整堆。 计量单位:10m³

定 额 编 号			11-1-31	11-1-32	11-1-33	11-1-34
项 目			拔 5m 以内		拔 8m 以内	
			一、二类土	三类土	一、二类土	三类土
名 称		单位	消 耗 量			
人工	合计工日	工日	27.927	38.664	17.514	24.795
	其中 普工	工日	11.970	16.571	7.507	10.627
	一般技工	工日	15.957	22.093	10.007	14.168
机械	驳船 30t	台班	4.720	6.725	2.946	4.188
	简易打桩架	台班	2.360	3.363	1.473	2.094

七、水上卷扬机打拔槽型钢板桩

工作内容: 准备工作,打桩,船排固定、移动,拔桩,清场、整堆。 计量单位:10t

定 额 编 号			11-1-35	11-1-36	11-1-37	11-1-38	11-1-39	11-1-40
项 目			打 8m 以内		打 12m 以内		打 12m 以上	
			一、二类土	三类土	一、二类土	三类土	一、二类土	三类土
名 称		单位	消 耗 量					
人工	合计工日	工日	12.465	17.532	10.647	14.940	9.288	12.951
	其中 普工	工日	5.342	7.514	4.563	6.403	3.981	5.551
	一般技工	工日	7.123	10.018	6.084	8.537	5.307	7.400
材料	钢板桩	t	(10.000)	(10.000)	(10.000)	(10.000)	(10.000)	(10.000)
	钢板桩	kg	100.000	100.000	100.000	100.000	100.000	100.000
	其他材料费	%	1.260	1.260	1.260	1.260	1.260	1.260
机械	驳船 30t	台班	2.875	4.117	2.431	3.478	2.147	2.999
	简易打桩架	台班	1.437	2.058	1.215	1.739	1.074	1.499

工作内容：准备工作，打桩，船排固定、移动，拔桩，清场、整堆。　　　　　　　　　　计量单位：10t

定 额 编 号			11-1-41	11-1-42	11-1-43	11-1-44	11-1-45	11-1-46
项　　目			拔8m以内		拔12m以内		拔12m以上	
			一、二类土	三类土	一、二类土	三类土	一、二类土	三类土
名　　称		单位	消 耗 量					
人工	合计工日	工日	11.664	16.353	9.540	13.293	8.028	11.196
	其中　普工	工日	4.999	7.009	4.089	5.697	3.441	4.799
	一般技工	工日	6.665	9.344	5.451	7.596	4.587	6.397
机械	驳船30t	台班	1.881	2.679	1.508	2.147	1.260	1.792
	简易打桩架	台班	0.940	1.340	0.754	1.074	0.630	0.896

八、水上柴油打桩机打圆木桩

工作内容：准备工作，木桩制作(加靴)，船排固定、移动，打桩，清场、整堆。　　　计量单位：10m³

定 额 编 号			11-1-47	11-1-48	11-1-49	11-1-50
项　　目			打5m以内		打8m以内	
			一、二类土	三类土	一、二类土	三类土
名　　称		单位	消 耗 量			
人工	合计工日	工日	23.742	32.319	14.517	19.701
	其中　普工	工日	7.123	9.696	4.355	5.910
	一般技工	工日	16.619	22.623	10.162	13.791
材料	原木	m³	0.702	1.053	0.702	1.053
	桩靴	kg	—	34.970	—	17.430
	其他材料费	%	13.200	7.840	6.870	4.320
机械	驳船30t	台班	3.247	4.649	1.952	2.786
	轨道式柴油打桩机0.8t	台班	1.624	2.325	0.976	1.393

九、水上柴油打桩机打槽型钢板桩

工作内容:准备工作,船排固定、移动,打桩,清场、整堆。　　　　　　　　　计量单位:10t

定 额 编 号			11-1-51	11-1-52	11-1-53	11-1-54	11-1-55	11-1-56
项　目			打 8m 以内		打 12m 以内		打 12m 以上	
			一、二类土	三类土	一、二类土	三类土	一、二类土	三类土
名　称		单位	消　耗　量					
人工	合计工日	工日	12.132	16.156	10.404	14.283	9.387	12.879
	其中 普工	工日	3.640	4.847	3.121	4.285	2.816	3.864
	一般技工	工日	8.492	11.309	7.283	9.998	6.571	9.015
材料	钢板桩	t	(10.000)	(10.000)	(10.000)	(10.000)	(10.000)	(10.000)
	钢板桩	kg	100.000	100.000	100.000	100.000	100.000	100.000
	其他材料费	%	2.060	2.060	2.060	2.060	2.060	2.060
机械	驳船 30t	台班	1.863	2.555	1.562	2.236	1.402	1.987
	轨道式柴油打桩机 0.8t	台班	0.932	1.278	0.781	1.118	0.701	0.994

第二章　围堰工程
（041103）

说　明

一、本章定额适用于人工筑、拆的围堰项目。机械筑、拆的围堰执行第一册《土石方工程》相关项目。

二、本章围堰定额未包括施工期内发生潮汛冲刷后所需的养护工料。潮汛养护工料由各地区、部门自行制订调整办法。如遇特大潮汛发生人力所不能抗拒的损失时,应根据实际情况另行处理。

三、围堰工程50m范围以内取土、砂、砂砾,均不计土方和砂、砂砾的材料价格。取50m范围以外的土、砂、砂砾,应计算土方和砂、砂砾材料的挖、运或外购费用。定额括号中所列黏土数量为取自然土方数量,结算中可按取土的实际情况调整。

四、本章围堰定额中的各种木桩、钢桩的打、拔均执行本册第一章"打拔工具桩"相应项目,数量按实际计算。定额括号中所列打拔工具桩数量仅供参考。

五、草袋围堰如使用麻袋、尼龙袋装土围筑,应根据麻袋、尼龙袋的规格调整材料的消耗量,但人工、机械应按定额规定执行。

六、围堰施工中若未使用驳船,而是搭设了栈桥,则应扣除定额中驳船费用而执行相应的脚手架项目。

七、定额围堰尺寸的取定:

1. 土草围堰的堰顶宽为1~2m,堰高为4m以内。

2. 土石混合围堰的堰顶宽为2m,堰高为6m以内。

3. 圆木桩围堰的堰顶宽为2~2.5m,堰高为5m以内。

4. 钢桩围堰的堰顶宽为2.5~3m,堰高为6m以内。

5. 钢板桩围堰的堰顶宽为2.5~3m,堰高为6m以内。

6. 竹笼围堰竹笼间黏土填心的宽度为2~2.5m,堰高为5m以内。

7. 木笼围堰的堰顶宽为2.4m,堰高为4m以内。

八、筑岛填心项目是指在围堰围成的区域内填土、砂及砂砾石。

九、双层竹笼围堰竹笼间黏土填心的宽度超过2.5m时,超出部分执行筑岛填心项目。

十、施工围堰的尺寸按有关设计施工规范确定。堰内坡脚至堰内基坑边缘距离根据河床土质及基坑深度确定,但不得小于1m。

工程量计算规则

一、围堰工程分别按体积和长度计算。

二、以体积计算的围堰,工程量按围堰的施工断面乘以围堰中心线的长度计算。

三、以长度计算的围堰,工程量按围堰中心线的长度计算。

四、围堰高度按施工期内的最高临水面加0.5m计算。

一、土草围堰

工作内容:清理基底,50m 范围内的取、装、运土,草袋装土,封包运输,堆筑,
填土夯实,拆除清理。

计量单位:100m³

定额编号				11-2-1	11-2-2
项　目				筑土围堰	草袋围堰
名　称			单位	消　耗　量	
人工	合计工日		工日	91.151	145.520
	其中	普工	工日	63.806	101.864
		一般技工	工日	27.345	43.656
材料	黏土		m³	(121.000)	(93.000)
	草袋		个	—	1926.000
	麻绳		kg	—	10.200
机械	夯实机电动 20~62N·m		台班	2.333	2.333
	驳船 50t		台班	2.010	2.010

二、土石混合围堰

工作内容:1. 过水土、石围堰:清理基底,50m 内取土,块石抛填,浇捣溢流面
混凝土,不包括拆除清理。

2. 不过水土、石围堰:清理基底,50m 内取土,块石抛填,干砌,堆筑,
拆除清理。

计量单位:100m³

定额编号				11-2-3	11-2-4
项　目				过水土、石围堰	不过水土、石围堰
名　称			单位	消　耗　量	
人工	合计工日		工日	99.523	140.028
	其中	普工	工日	69.666	98.020
		一般技工	工日	29.857	42.008
材料	黏土		m³	(41.660)	(40.070)
	块石 200~500		t	76.960	132.660
	碎石 20		m³	17.490	—
	混凝土 C20		m³	(16.820)	—
	板枋材		m³	0.065	—
	原木		m³	0.092	—
	砂砾 5~12		m³	—	14.940
	圆钉		kg	6.180	—
	水		m³	3.690	—
	电		kW·h	9.859	—
	其他材料费		%	0.620	1.450
机械	载重汽车 4t		台班	0.257	—
	夯实机电动 20~62N·m		台班	0.923	0.745
	驳船 50t		台班	0.940	1.880
	木工圆锯机 500mm		台班	0.035	

三、圆木桩围堰

工作内容：安挡土篱笆、挂草帘、铁丝固定木桩,50m 内取土、夯填,拆除清理。　　**计量单位**：10 延长米堰体

定 额 编 号				11-2-5	11-2-6	11-2-7
项 目				双排圆木桩围堰高		
				3m 以内	4m 以内	5m 以内
名 称			单位	消 耗 量		
人工	合计工日		工日	66.544	120.078	159.634
	其中	普工	工日	46.581	84.055	111.744
		一般技工	工日	19.963	36.023	47.890
材料	黏土		m³	(63.180)	(105.300)	(131.630)
	圆木桩		m³	(5.130)	(6.930)	(8.860)
	竹篱片		m²	61.800	82.480	103.100
	草袋		m²	63.000	83.360	104.200
	镀锌铁丝 φ4.0		kg	24.150	28.620	28.620
	其他材料费		%	4.030	4.750	5.270
机械	夯实机电动 20～62N·m		台班	1.402	2.333	2.919
	驳船 50t		台班	1.130	1.880	2.340

四、钢 桩 围 堰

工作内容：安挡土篱笆、挂草帘、铁丝固定,50m 内取土、夯填,拆除清理。　　**计量单位**：10 延长米堰体

定 额 编 号				11-2-8	11-2-9	11-2-10
项 目				双排钢桩围堰高		
				4m 以内	5m 以内	6m 以内
名 称			单位	消 耗 量		
人工	合计工日		工日	115.929	150.822	225.851
	其中	普工	工日	81.150	105.575	158.096
		一般技工	工日	34.779	45.247	67.755
材料	工字钢（综合）		t	(7.776)	(9.504)	(10.370)
	黏土		m³	(105.300)	(131.630)	(189.540)
	竹篱片		m²	82.480	103.100	123.720
	草袋		m²	83.360	104.200	125.040
	镀锌铁丝 φ4.0		kg	28.360	28.360	28.360
	其他材料费		%	4.380	3.590	3.040
机械	夯实机电动 20～62N·m		台班	2.333	2.919	4.205
	驳船 50t		台班	1.880	2.340	3.380

五、钢板桩围堰

工作内容:50m 内取土,夯填,压草袋,拆除清理。　　　　　　　　　　　　　计量单位:10 延长米堰体

定 额 编 号			11-2-11	11-2-12	11-2-13
项 目			双排钢板桩围堰高		
			4m 以内	5m 以内	6m 以内
名 称		单位	消耗量		
人工	合计工日		工日	103.556	142.439	214.376
	其中	普工	工日	72.489	99.707	150.063
		一般技工	工日	31.067	42.732	64.313
材料	钢板桩		t	(20.671)	(25.261)	(27.557)
	黏土		m³	(103.080)	(128.580)	(185.000)
	草袋		个	167.000	209.000	301.000
	其他材料费		%	8.140	6.500	4.510
机械	夯实机电动 20~62N·m		台班	2.333	2.919	4.205
	驳船 50t		台班	1.880	2.340	3.380

六、双层竹笼围堰

工作内容:选料、破竹、编竹笼、笼内填石,安放,笼间填筑,50m 内取土、夯填,
　　　　　拆除清理。　　　　　　　　　　　　　　　　　　　　　　　　计量单位:10 延长米堰体

定 额 编 号			11-2-14	11-2-15	11-2-16
项 目			双层竹笼围堰高		
			3m 以内	4m 以内	5m 以内
名 称		单位	消 耗 量		
人工	合计工日		工日	136.248	221.953	304.021
	其中	普工	工日	95.374	155.367	212.815
		一般技工	工日	40.874	66.586	91.206
材料	黏土		m³	(72.660)	(121.100)	(151.370)
	毛竹		根	105.000	140.000	176.000
	块石 200~500		t	139.360	185.810	232.250
	镀锌铁丝 φ2.8		kg	21.650	32.480	43.300
	其他材料费		%	0.820	0.910	0.970
机械	驳船 50t		台班	1.250	1.850	2.300

七、筑 岛 填 心

工作内容: 50m 内取土,运砂,填筑,夯实,拆除清理。　　　　　　　　　　　　计量单位:100m³

定 额 编 号			11-2-17	11-2-18	11-2-19	11-2-20	11-2-21	11-2-22
项 目			填土		填砂		填砂砾石	
			夯填	松填	夯填	松填	夯填	松填
名 称		单位	消 耗 量					
人工	合计工日	工日	87.150	73.071	53.130	41.022	77.910	55.377
	其中 普工	工日	61.005	51.150	37.191	28.715	54.537	38.764
	一般技工	工日	26.145	21.921	15.939	12.307	23.373	16.613
材料	黏土	m³	(105.000)	(90.000)	—	—	—	—
	砂子(中砂)	t	—	—	170.850	132.600	—	—
	砂砾石	t	—	—	—	—	165.100	132.600
机械	夯实机电动 20～62N·m	台班	2.333	—	2.333	—	2.333	—
	驳船 50t	台班	2.250	1.910	2.810	2.250	2.700	2.250

第三章 支撑工程

说　　明

一、本章定额适用于沟槽、基坑、工作坑、检查井及大型基坑的支撑。

二、挡土板间距不同时,不作调整。

三、除槽钢挡土板外,本章定额均按横板、竖撑计算;如采用竖板、横撑时,其人工工日乘以系数1.20。

四、定额中挡土板支撑按槽坑两侧同时支撑挡土板考虑,支撑面积为两侧挡土板面积之和,支撑宽度为4.1m以内。槽坑宽度超过4.1m时,其两侧均按一侧支挡土板考虑,按槽坑一侧支挡土板面积计算时,工日数乘以系数1.33,除挡土板外,其他材料乘以系数2.0。

五、放坡开挖不得再计算挡土板,如遇上层放坡、下层支撑,则按实际支撑面积计算。

六、钢桩挡土板中的槽钢桩按设计数量以质量计算,执行本册第一章"打拔工具桩"相应项目。

七、如采用井字支撑时,按疏撑乘以系数0.61。

工程量计算规则

一、大型基坑支撑安装及拆除工程量按设计质量计算,其余支撑工程按施工组织设计确定的支撑面积计算。

二、大型基坑支撑使用费＝设计使用量×使用天数×使用费标准[元/(吨·天)]。

大型基坑支撑的使用费标准由各地区、部门自行制订调整办法。

一、木 挡 土 板

工作内容:制作、运输、安装、拆除,堆放指定地点。 计量单位:100m²

定 额 编 号			11-3-1	11-3-2	11-3-3	11-3-4
项 目			密挡土板		疏挡土板	
			木支撑	钢支撑	木支撑	钢支撑
名 称		单位	消 耗 量			
人工	合计工日	工日	19.251	14.643	14.958	11.394
	其中 普工	工日	7.700	5.857	5.983	4.558
	一般技工	工日	11.551	8.786	8.975	6.836
材料	原木	m³	0.226	—	0.226	—
	板枋材	m³	0.065	0.060	0.051	0.049
	木挡土板	m³	0.395	0.395	0.240	0.237
	钢套管(综合)	kg	—	15.613	—	15.613
	铁撑脚	kg	—	19.301	—	19.301
	标准砖 240×115×53	千块	—	—	0.188	0.188
	铁丝 φ3.5	kg	7.200	7.200	7.200	7.200
	扒钉	kg	9.140	9.140	9.140	9.140

二、竹 挡 土 板

工作内容:制作、运输、安装、拆除,堆放指定地点。 计量单位:100m²

定 额 编 号			11-3-5	11-3-6	11-3-7	11-3-8
项 目			密挡土板		疏挡土板	
			木支撑	钢支撑	木支撑	钢支撑
名 称		单位	消 耗 量			
人工	合计工日	工日	19.143	14.535	14.895	11.394
	其中 普工	工日	7.657	5.814	5.958	4.558
	一般技工	工日	11.486	8.721	8.937	6.836
材料	原木	m³	0.226	—	0.226	—
	板枋材	m³	0.064	0.060	0.064	0.060
	竹挡土板	m²	5.155	5.155	3.866	3.866
	钢套管(综合)	kg	—	15.613	—	15.613
	铁撑脚	kg	—	19.301	—	19.301
	标准砖 240×115×53	千块	—	—	0.131	0.131
	铁丝 φ3.5	kg	7.200	7.200	7.200	7.200
	扒钉	kg	9.140	9.140	9.140	9.140

三、钢制挡土板

工作内容:运输、安装、拆除,堆放指定地点。　　　　　　　　　　　　　　计量单位:100m²

定　额　编　号			11-3-9	11-3-10	11-3-11	11-3-12
项　　　目			密挡土板		疏挡土板	
			木支撑	钢支撑	木支撑	钢支撑
名　　　称		单位	消　耗　量			
人工	合计工日	工日	19.251	14.832	15.084	11.529
	其中 普工	工日	7.700	5.933	6.034	4.612
	一般技工	工日	11.551	8.899	9.050	6.917
材料	原木	m³	0.226	—	0.226	—
	板枋材	m³	0.065	0.060	0.064	0.060
	钢挡土板	t	0.092	0.092	0.064	0.064
	钢套管(综合)	kg	—	15.613	—	15.613
	铁撑脚	kg	—	19.301	—	19.301
	标准砖 240×115×53	千块	—	—	0.160	0.160
	铁丝 φ3.5	kg	7.200	7.200	7.200	7.200
	扒钉	kg	9.140	9.140	9.140	9.140

四、钢制桩挡土板支撑安装及拆除

工作内容:制作、运输、安装、拆除,堆放指定地点。　　　　　　　　　　　　计量单位:100m²

定　额　编　号			11-3-13	11-3-14
项　　　目			木支撑	钢支撑
名　　　称		单位	消　耗　量	
人工	合计工日	工日	1.638	1.305
	其中 普工	工日	0.655	0.522
	一般技工	工日	0.983	0.783
材料	原木	m³	0.097	—
	板枋材	m³	0.034	0.032
	槽钢(综合)	t	0.030	0.030
	钢套管(综合)	kg	—	6.691
	铁撑脚	kg	—	8.272
	铁丝 φ3.5	kg	22.100	22.100
	扒钉	kg	3.920	3.920

五、大型基坑支撑安装及拆除

工作内容:安装:1.吊车配合、围令、支撑驳运卸车;2.定位放样;3.槽壁面凿出预埋件;
4.钢牛腿焊接;5.支撑拼接、焊接安全栏杆、安装定位;6.活络接头固定。
拆除:1.切割、吊出支撑分段;2.装车及堆放。

计量单位:t

定额编号			11-3-15	11-3-16	11-3-17	11-3-18
项 目			大型支撑、基坑支撑安装	大型支撑拆除	大型支撑安装	大型支撑拆除
			宽15m以内		宽15m以外	
名 称		单位	消 耗 量			
人工	合计工日	工日	1.785	2.440	1.691	2.057
	其中 普工	工日	1.160	1.586	1.099	1.337
	一般技工	工日	0.446	0.610	0.423	0.514
	高级技工	工日	0.179	0.244	0.169	0.206
材料	钢支撑	t·月	(1.000)	—	(1.000)	—
	钢支撑	kg	10.000	—	10.000	—
	六角螺栓带螺母 M12×200	kg	2.550	—	2.140	—
	枕木	m³	0.030	—	0.020	—
	中厚钢板(综合)	kg	7.890	—	4.750	—
	预埋铁件	kg	11.620	—	7.000	—
	低合金钢焊条 E43 系列	kg	1.090	—	0.660	—
	钢围令	kg	5.250	—	3.180	—
	其他材料费	%	2.550	—	2.140	—
机械	履带式起重机 25t	台班	0.186	0.177	—	—
	履带式起重机 40t	台班	—	—	0.210	0.200
	载重汽车 4t	台班	0.045	0.045	0.045	0.045
	交流弧焊机 32kV·A	台班	0.172	0.064	0.100	0.036
	电动空气压缩机 10m³/min	台班	0.030	0.030	0.170	0.020
	立式油压千斤顶 100t	台班	0.138	0.129	0.138	0.129

第四章　脚手架工程
（041101）

说　　明

一、本章定额中竹、钢管脚手架已包括斜道及拐弯平台的搭设。

二、砌筑物高度超过 1.2m 时可计算脚手架搭拆费用。

三、仓面脚手架不包括斜道,若发生应另行计算,但采用井字架或吊扒杆运转施工材料时,不再计算斜道费用。无筋或单层布筋的基础和垫层不计算仓面脚手架费。

四、仓面脚手架斜道、满堂脚手架执行《房屋建筑与装饰工程消耗量定额》相应项目。

工程量计算规则

一、脚手架工程量按墙面水平边线长度乘以墙面砌筑高度以面积计算。

二、柱形砌体按图示柱结构外围周长另加3.6m乘以砌筑高度以面积计算。

三、浇混凝土用仓面脚手架按仓面的水平面积计算。

一、脚 手 架

工作内容:清理场地、搭脚手架、挂安全网,拆除、堆放、材料场内运输。 计量单位:100m²

定 额 编 号			11-4-1	11-4-2
项 目			双排竹脚手架	
			4m 以内	8m 以内
名 称		单位	消 耗 量	
人工	合计工日	工日	6.912	7.542
	其中 普工	工日	2.765	3.017
	一般技工	工日	4.147	4.525
材料	毛竹 1.7m 起围径 27cm	根	7.550	13.880
	毛竹 1.7m 起围径 33cm	根	15.430	30.380
	竹篾	百根	19.870	23.630
	竹脚手板	m²	5.080	5.150
	安全网	m²	2.680	1.380

工作内容:清理场地、搭脚手架、挂安全网,拆除、堆放、材料场内运输。 计量单位:100m²

定 额 编 号			11-4-3	11-4-4	11-4-5	11-4-6
项 目			钢管脚手架			
			单排		双排	
			4m 以内	8m 以内	4m 以内	8m 以内
名 称		单位	消 耗 量			
人工	合计工日	工日	5.535	5.724	7.542	7.605
	其中 普工	工日	2.214	2.290	3.017	3.042
	一般技工	工日	3.321	3.434	4.525	4.563
材料	脚手钢管 φ48	t	0.021	0.036	0.027	0.050
	扣件	个	2.190	4.390	3.200	6.480
	脚手架钢管底座	个	0.240	0.250	0.450	0.430
	竹脚手板	m²	5.110	5.110	5.980	5.980
	安全网	m²	2.680	1.380	2.680	1.380
	其他材料费	%	3.310	3.180	3.920	3.630

二、浇混凝土用仓面脚手架

工作内容:清理场地、搭脚手架、铺钉及翻转脚手板、拆除、堆放、材料场内运输。　**计量单位:**100m² 仓面

定 额 编 号				11-4-7
项　　目				支架高度 1.5m 以内
名　　称			单位	消 耗 量
人工	合计工日		工日	5.400
	其中	普工	工日	2.160
		一般技工	工日	3.240
材料	原木		m³	0.200
	木脚手板		m³	0.160
	圆钉		kg	0.700
	铁件（综合）		kg	1.000
	其他材料费		%	5.520

第五章　井　点　降　水

（041107）

说　　明

一、本章定额适用于地下水位较高的粉砂土、砂质粉土、黏质粉土或淤泥质夹薄层砂性土的地层。

二、轻型井点、喷射井点、大口径井点、深井井点的采用由施工组织设计确定。一般情况下,降水深度 6m 以内采用轻型井点,6m 以上至 30m 以内采用相应的喷射井点,特殊情况下可选用大口径井点及深井井点。井点使用时间按施工组织设计确定。喷射井点定额包括两根观察孔制作,喷射井管包括了内管和外管。井点材料使用摊销量中已包括井点拆除时的材料损耗量。

井点(管)间距根椐地质和降水要求由施工组织设计确定。

三、井点降水过程中,如需提供资料,则水位监测和资料整理费用另计。

四、井点降水成孔过程中产生的泥水处理及挖沟排水工作应另行计算。遇有天然水源可用时,不计水费。

五、井点降水必须保证连续供电,在电源无保证的情况下,使用备用电源的费用另行计算。

六、集水井排水、沟槽、基坑排水定额由各地区、部门自行制定。

工程量计算规则

一、轻型井点以 50 根为一套,喷射井点以 30 根为一套,大口径井点以 10 根为一套;井点的安装、拆除以"10 根"计算;井点使用的定额单位为"套·天",累计根数不足一套的按一套计算。

二、深井井点的安装、拆除以"座"计算,井点使用的定额单位为"座·天"。

三、井点使用一天按 24h 计算。

一、轻型井点

工作内容:1. 安装:井管装配,地面试管,铺总管,装、拆水泵,钻机安、拆,钻孔沉管,灌砂封口,连接,试抽。

　　2. 拆除:拔管、拆管、灌砂、清洗整理、堆放。

　　3. 使用:抽水、值班、井管堵漏。

定额编号			11-5-1	11-5-2	11-5-3
项　目			井点安装	井点设备拆除	轻型井点使用
			10 根		套·天
名　称		单位	消　耗　量		
人工	合计工日	工日	2.981	2.070	2.700
	一般技工	工日	2.981	2.070	2.700
材料	轻型井点井管 D40	m	0.220	—	0.830
	轻型井点总管 D100	m	0.011	—	0.040
	砂子(中砂)	t	1.010	0.118	—
	胶管 D50	m	1.700	—	—
	水	m³	18.180	—	—
	其他材料费	%	0.950	—	7.340
机械	轻便钻机 XJ-100	台班	0.570	—	—
	电动单筒快速卷扬机 5kN	台班	—	0.240	—
	电动单级离心清水泵 100mm	台班	0.400	0.080	—
	射流井点泵 9.50m	台班	—	0.240	3.000

注:井点安装用砂量与定额不同时,可根据现场签证进行调整。

二、喷 射 井 点

工作内容：1. 安装：井管装配，地面试管，铺总管，装、拆水泵，钻机安、拆，钻孔沉管，灌砂封口，连接，试抽。

2. 拆除：拔管、拆管、灌砂、清洗整理、堆放。

3. 使用：抽水、值班、井管堵漏。

定 额 编 号		11-5-4	11-5-5	11-5-6	11-5-7	11-5-8	11-5-9
项　　目		井管深 10m			井管深 15m		
		安装	拆除	使用	安装	拆除	使用
		10 根		套·天	10 根		套·天
名　称	单位	消　耗　量					
人工	合计工日	工日	27.540	8.286	4.860	41.828	15.844	4.860
	一般技工	工日	27.540	8.286	4.860	41.828	15.844	4.860
材料	喷射井点井管 $D76$	m	0.290	—	0.930	0.540	—	1.520
	喷射井点总管 $D159$	m	0.046	—	0.120	0.046	—	0.120
	滤网管	根	0.036	—	0.114	0.042	—	0.136
	喷射器	个	0.048	—	0.177	0.056	—	0.225
	法兰 $DN150$	副	0.013	—	0.042	0.013	—	0.042
	水箱	kg	0.356	—	1.120	0.356	—	1.120
	回水连接件	副	0.022	—	0.070	0.023	—	0.075
	砂子（中砂）	t	21.930	0.383	—	33.023	0.676	—
	镀锌钢管 $DN20$	m	—	—	0.860	—	—	—
	水	m³	174.000	18.600	—	202.000	59.000	—
	其他材料费	%	0.130	6.260	1.120	0.120	4.680	0.870
机械	工程地质液压钻机	台班	1.173	—	—	1.496	—	—
	履带式起重机 10t	台班	1.173	1.275	—	1.496	1.564	—
	电动多级离心清水泵（150mm、180m 以下）	台班	1.173	—	2.550	1.496	0.782	2.550
	污水泵 100mm	台班	2.346	—	—	2.992	1.564	—
	电动空气压缩机 6m³/min	台班				1.496		

注：井点安装用砂量与定额不同时，可根据现场签证进行调整。

工作内容: 1. 安装:井管装配,地面试管,铺总管,装、拆水泵,钻机安、拆,钻孔沉管,灌砂封口,连接,试抽。

      2. 拆除:拔管、拆管、灌砂、清洗整理、堆放。

      3. 使用:抽水、值班、井管堵漏。

定额编号		11-5-10	11-5-11	11-5-12	11-5-13	11-5-14	11-5-15
项 目		井管深 20m			井管深 25m		
		安装	拆除	使用	安装	拆除	使用
		10 根		套·天	10 根		套·天
名 称	单位	消 耗 量					
人工	合计工日	工日	53.460	20.250	4.860	66.128	25.685	4.860
	一般技工	工日	53.460	20.250	4.860	66.128	25.685	4.860
材料	喷射井点井管 D76	m	0.880	—	2.260	1.450	—	3.530
	喷射井点总管 D159	m	0.046	—	0.120	0.046	—	0.120
	滤网管	根	0.051	—	0.162	0.070	—	0.223
	喷射器	个	0.067	—	0.290	0.096	—	0.378
	法兰 DN150	副	0.013	—	0.042	0.013	—	0.042
	水箱	kg	0.356	—	1.120	0.356	—	1.120
	回水连接件	副	0.025	—	0.080	0.027	—	0.085
	镀锌钢管 DN20	m	1.150	—		1.440	—	
	砂子(中砂)	t	44.243	0.982	—	57.503	1.199	—
	水	m³	230.000	100.000	—	271.000	125.000	—
	其他材料费	%	0.120	3.440	0.660	0.110	2.750	0.520
机械	工程地质液压钻机	台班	1.828	—	—	2.023	—	—
	履带式起重机 10t	台班	1.828	1.870				
	履带式起重机 15t	台班	—	—	—	2.023	2.074	
	电动多级离心清水泵(150mm、180m 以下)	台班	1.828	0.935	2.550	2.023	1.037	2.550
	污水泵 100mm	台班	3.655	1.870	—	4.046	2.074	—
	电动空气压缩机 6m³/min	台班	1.828	—		2.023	—	

注:井点安装用砂量与定额不同时,可根据现场签证进行调整。

工作内容:1. 安装:井管装配,地面试管,铺总管,装、拆水泵,钻机安、拆,钻孔沉管,灌砂封口,连接,试
抽。

2. 拆除:拔管、拆管、灌砂、清洗整理、堆放。

3. 使用:抽水、值班、井管堵漏。

定额编号		11-5-16	11-5-17	11-5-18
项 目		井管深30m		
		安装	拆除	使用
		10 根		套·天
名 称	单位	消 耗 量		
人 工	合计工日	工日	76.302	29.565	4.860
	一般技工	工日	76.302	29.565	4.860
材 料	喷射井点井管 D76	m	2.130	—	5.100
	喷射井点总管 D159	m	0.046	—	0.120
	滤网管	根	0.089	—	0.283
	喷射器	个	0.125	—	0.465
	法兰 DN150	副	0.013	—	0.042
	水箱	kg	0.356	—	1.120
	回水连接件	副	0.029	—	0.090
	镀锌钢管 DN20	m	1.730	—	—
	砂子(中砂)	t	71.069	1.403	—
	水	m³	312.000	150.000	—
	其他材料费	%	0.100	3.210	0.370
机 械	工程地质液压钻机	台班	2.210	—	—
	履带式起重机 15t	台班	2.210	2.295	—
	电动多级离心清水泵(150mm、180m以下)	台班	2.210	1.148	2.550
	污水泵 100mm	台班	4.420	2.295	—
	电动空气压缩机 6m³/min	台班	2.210	—	—

注:井点安装用砂量与定额不同时,可根据现场签证进行调整。

三、大口径井点

工作内容: 1.安装:井管装配、地面试管、铺总管、装水泵水箱、钻孔成管、清孔、卸φ400滤水钢管、定位、安装滤水钢管、外壁灌砂、封口、连接、试抽。
2.拆除:拔管、拆管、灌砂、清洗整理、堆放。
3.使用:抽水、值班、井管堵漏。

定 额 编 号			11-5-19	11-5-20	11-5-21
项 目			井管深15m		
			安装	拆除	使用
			10 根		套·天
名 称		单位	消 耗 量		
人工	合计工日	工日	146.700	72.450	5.400
	一般技工	工日	146.700	72.450	5.400
材料	大口径井点总管 *D*159	m	0.046	—	0.120
	大口径井点井管	m	1.950	—	1.500
	大口径井点吸水器 15m	套	0.060	—	0.060
	水箱	kg	1.120	—	1.020
	砂子(中砂)	t	88.103	38.505	—
	水	m³	480.000	180.000	—
	其他材料费	%	0.110	0.580	0.550
机械	回旋钻机 1000mm	台班	5.525	—	—
	履带式起重机 10t	台班	5.525	—	—
	电动多级离心清水泵(150mm、180m 以下)	台班	5.525	3.825	2.550
	污水泵 100mm	台班	11.050	3.825	—
	振动沉拔桩机 400kN	台班	—	3.825	—

注:井点安装用砂量与定额不同时,可根据现场签证进行调整。

工作内容:1. 安装:井管装配、地面试管、铺总管、装水泵水箱、钻孔成管、清孔、卸 φ400 滤水钢管、定位、安装滤水钢管、外壁灌砂、封口、连接、试抽。

　　2. 拆除:拔管、拆管、灌砂、清洗整理、堆放。

　　3. 使用:抽水、值班、井管堵漏。

定 额 编 号		11-5-22	11-5-23	11-5-24
项　　目		井管深25m		
		安装	拆除	使用
		10 根		套·天
名　　称	单位	消 耗 量		
人工 合计工日	工日	189.243	93.465	5.400
一般技工	工日	189.243	93.465	5.400
材料 大口径井点总管 D159	m	0.046	—	0.120
大口径井点井管	m	2.930	—	2.250
大口径井点吸水器 15m	套	0.090	—	0.090
水箱	kg	1.120	—	1.020
砂子（中砂）	t	143.871	41.642	—
水	m³	720.000	270.000	—
其他材料费	%	0.110	0.580	0.550
机械 回旋钻机 1000mm	台班	7.463	—	—
履带式起重机 10t	台班	7.463	—	—
电动多级离心清水泵（150mm、180m 以下）	台班	7.463	5.525	2.550
污水泵 100mm	台班	14.926	5.525	—
振动沉拔桩机 400kN	台班	—	5.525	—

注:井点安装用砂量与定额不同时,可根据现场签证进行调整。

四、深井井点降水

工作内容：1. 安装：钻孔、安装井管、地面管线连接、装水泵、滤砂、孔口封土。
　　　　　2. 拆除：拆除设备、填埋、整理等。
　　　　　3. 使用：抽水、值班、井管堵漏。

定 额 编 号			11-5-25	11-5-26	11-5-27	11-5-28	11-5-29
项　　目			井管深20m		井管深25m		井管深（20m、25m）
			安装	拆除	安装	拆除	使用
			座				座·天
名　　称		单位	消 耗 量				
人工	合计工日	工日	12.002	1.170	15.484	1.755	0.720
	一般技工	工日	12.002	1.170	15.484	1.755	0.720
材料	钢筋混凝土井管 φ360	m	6.800	—	8.500	—	—
	钢筋混凝土滤水井管 φ360	m	13.600	—	17.000	—	—
	砂子（中砂）	t	5.331	—	6.663	—	—
	水	m³	60.000		72.000		
	滤网	m	13.600		17.000		
	其他材料费	元	11.720	—	18.590	—	5.550
机械	回旋钻机 500mm	台班	0.553	—	0.746	—	—
	履带式电动起重机 5t	台班	0.553	0.133	0.746	0.181	—
	潜水泵 100mm	台班	0.553	—	0.746	—	1.800
	污水泵 100mm	台班	1.105		1.493		

注：井点安装用砂量与定额不同时，可根据现场签证进行调整。

主 编 单 位：住房和城乡建设部标准定额研究所

专业主编单位：湖北省建设工程标准定额管理总站

专业编制单位：江苏省建设工程造价管理总站

　　　　　　　苏州华星工程造价咨询有限公司

　　　　　　　南通市工程造价管理处

　　　　　　　南京第二道路排水工程有限责任公司

专 家 组：胡传海　谢洪学　王美林　张丽萍　刘　智　徐成高　蒋玉翠　汪亚峰　吴佐民

　　　　　洪金平　杨树海　王中和　薛长立

综 合 协 调 组：王海宏　胡晓丽　汪亚峰　吴佐民　洪金平　陈友林　王中和　薛长立　王振尧

　　　　　　　蒋玉翠　张勇胜　张德清　白洁如　李艳海　刘大同　赵　彬

编 制 人 员：董为刚　杨圣贤　曹良春　郎桂林　朱维君　崔恒军

审 查 专 家：谢洪学　吴佐民　张勇胜　汪亚峰　戴富元　刘宝利　陈益梁　虞志鹏　周亚来

　　　　　　王　大　汪亦农　张玉明　王津琪　王润明　刘　勇

软件操作人员：杜　彬　赖勇军　梁　俊　黄丽梅　焦　亮